侏罗纪世界

恐龙
化石的秘密

[美] 玛丽莲·伊斯顿 著   贾 梅 译

青岛出版集团 | 青岛出版社

图书在版编目(CIP)数据

侏罗纪世界.恐龙化石的秘密 /[美]玛丽莲·伊斯顿著;贾梅译. —青岛:青岛出版社,2022.5
ISBN 978-7-5552-2306-1

Ⅰ.①侏… Ⅱ.①玛… ②贾… Ⅲ.①恐龙—儿童读物 Ⅳ.①Q915.864-49

中国版本图书馆CIP数据核字（2021）第237332号

ZHULUOJI SHIJIE：KONGLONG HUASHI DE MIMI

书　　名	侏罗纪世界：恐龙化石的秘密	
著　　者	［美］玛丽莲·伊斯顿	
译　　者	贾　梅	
出版发行	青岛出版社	
社　　址	青岛市崂山区海尔路182号	
本社网址	http://www.qdpub.com	
邮购电话	18613853563　0532-68068091	
策　　划	马克刚　贺　林	
责任编辑	金　汶	
特约编辑	顾　静	
装帧设计	千　千	
印　　刷	天津联城印刷有限公司	
出版日期	2022年5月第1版　2023年8月第2次印刷	
开　　本	20开（889mm×1194mm）	
印　　张	2.5	
字　　数	60千	
书　　号	ISBN 978-7-5552-2306-1	
定　　价	49.80元	

编校印装质量、盗版监督服务电话 4006532017 0532-68068050

目 录

恐龙
化石的秘密

化石是什么？

化石是生活在遥远过去的动植物和其他生物遗留下来的痕迹。这些遗迹被泥沙中的矿物质保存下来，经过长时间的硬化固结成岩，并保留了生物遗体原来的形态。每一块化石都包含曾经存在过的动植物和其他生物的相关信息。

我们通常认为恐龙化石就是博物馆中展出的骨架。但是，还有许多其他不同种类的恐龙化石，包括肤迹化石、足迹化石和蛋化石，甚至粪便化石。我们所知道的关于恐龙的信息主要来自化石。

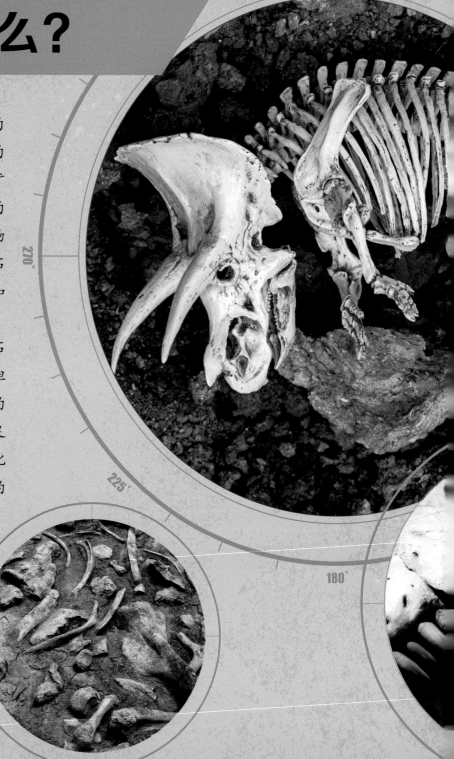

270°

225°

180°

◄ 没有化石，就没有侏罗纪世界。可以说，侏罗纪世界就是从一块琥珀开始的。

◄ 本杰明·洛克伍德与约翰·哈蒙德合作创办了侏罗纪公园。洛克伍德拥有很多恐龙头骨化石，并将其在庄园的图书馆内进行展示。他拥有的最完整的一具标本是三角龙化石。

◄ 洛克伍德众多藏品中的一具恐龙头骨化石。

化石大多发现于沉积岩层中，而陆地面积中约3/4被沉积岩覆盖，所以未来会有大量的化石被发现！

发现恐龙化石后，古生物学家便对其进行研究。根据化石在岩层中的位置，科学家们可以推断出恐龙生存的年代。年代久远的化石位于较下方的岩层，年代较近的化石则位于较上方的岩层。通过研究和对比每个岩层中发现的生物，科学家们可以绘制出恐龙诞生和演化的时间表。

恐龙生活在距今2.52亿年至6600万年前的中生代。中生代分为3个时期，分别为三叠纪、侏罗纪和白垩纪。

恐龙并不是生活在中生代的唯一生物，鱼类、植物、昆虫、哺乳类和其他爬行类动物也生活在中生代。

中生代

白垩纪（1.45亿年前～6600万年前）
霸王龙、迅猛龙、甲龙和三角龙漫步于这一时期的地球上。

侏罗纪（2.01亿年前～1.45亿年前）
这是恐龙的鼎盛时期。巨型植食性恐龙，如迷惑龙、剑龙等，生活于这一时期。

三叠纪（2.52亿年前～2.01亿年前）
恐龙最早出现在三叠纪的中后期，大部分是靠后肢行走、移动速度很快的小型肉食性恐龙。

◀　图片中间是侏罗纪世界内陀螺球车峡谷中的一头剑龙。剑龙曾生活在侏罗纪晚期。

▶　图为努布拉岛火山爆发时的一头重爪龙。重爪龙曾生活在白垩纪早期。

中生代之前便是古生代。

◀　图为侏罗纪世界中的一头食肉牛龙。白垩纪晚期生活着很多这种肉食性恐龙。

5

化石的形成

　　并不是所有生物死后都会形成化石，事实上大部分不会。这是由于化石需要在特定的条件下形成。以恐龙化石为例，恐龙死后，它的骨骼只有被快速掩埋才能保存下来。通常陷入泥石流、沥青或冻结于冰里都可以使动物遗体被快速掩埋起来。如果不被快速掩埋，其他动物就会压碎恐龙的骨骼或把骨骼带走。如果骨骼只有部分被掩埋，而另一部分暴露于空气之中，那么由于氧气加速分解，骨骼就会被分解而不是被石化。

　　千百万年内，被快速掩埋起来的骨骼会在泥沙层中越埋越深，最终变成岩石。这就是化石的形成过程。千百万年后，地球表层的板块移动使化石上升到接近地表的部分，直至有人发现。

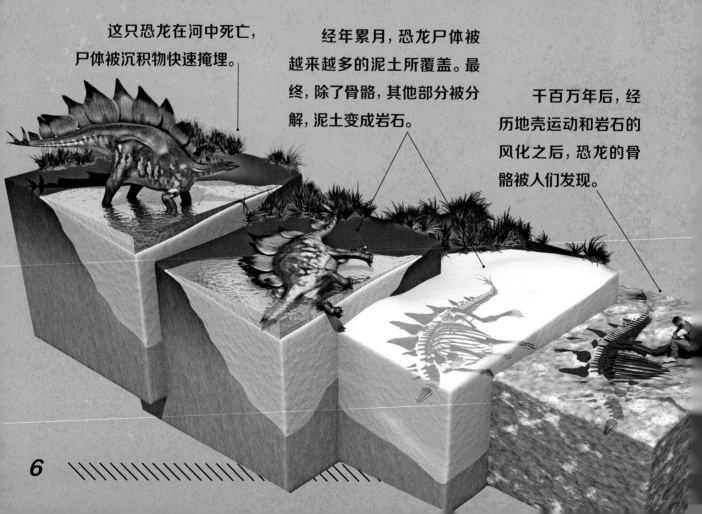

这只恐龙在河中死亡，尸体被沉积物快速掩埋。

经年累月，恐龙尸体被越来越多的泥土所覆盖。最终，除了骨骼，其他部分被分解，泥土变成岩石。

千百万年后，经历地壳运动和岩石的风化之后，恐龙的骨骼被人们发现。

▲　侏罗纪世界尚在运营时，动物行为学家欧文·格雷迪在此驯养迅猛龙。图中的欧文站在一具死去恐龙的骨骼旁。如果这具骨骼被河岸的泥沙掩盖，也许最终也会变成一具化石。

冰、沥青和琥珀

并非所有化石都是被深埋地下而形成的。一些化石是动植物陷入沥青、冰、泥炭或树脂（硬化后形成琥珀）而形成的。这些化石在许多方面和化石岩石不同：首先，这些化石包含了完整而非部分样本；其次，这些化石保存了千百万年前原始的生物体，而不仅是坚硬的骨头。这意味着即使是最后一餐的食物也有可能在胃中被保存下来。

◀ 这只蚊子被保存在琥珀里。

侏罗纪世界

侏罗纪世界中，保存完好的、包裹着蚊子的琥珀给科学家们提供了克隆恐龙所需要的信息。这只蚊子叮咬过一头恐龙。古生物学家们发现这块化石时，恐龙血仍在蚊子体内。恐龙血提供了恐龙的遗传物质，也就是DNA（脱氧核糖核酸）。

▶ 各类化石对侏罗纪世界来说是必不可少的。吴亨利博士的实验室中有整整一面墙上都是化石标本。

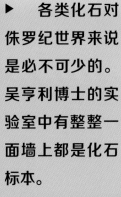

◀ 图为在俄罗斯西伯利亚冻土层中发现的猛犸象。

◀ 图为美国加利福尼亚州洛杉矶的拉布亚沥青坑，展示了现已灭绝的动物是如何被保存下来的。

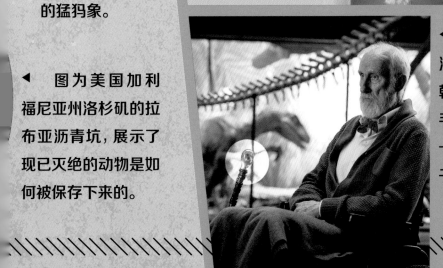

◀ 本杰明·洛克伍德和约翰·哈蒙德的手杖上都嵌有一块包裹着蚊子的琥珀。

化石种类

由于化石的形成条件不同，化石的种类从生物足迹到整个生物体各不相同。化石可以向我们呈现生物的原本面貌，或者提供了解其饮食习惯和行为方式的机会。不论大小，每块化石都有它背后的故事。

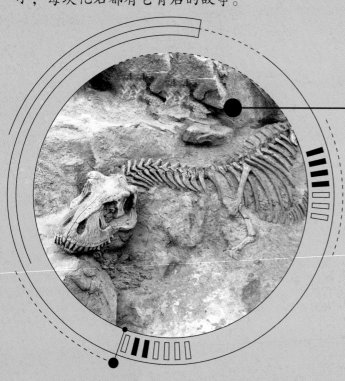

实体化石

生物体死后，身体腐烂消失，部分或全部被矿物质取代，骨骼等变成石头，由此形成实体化石。

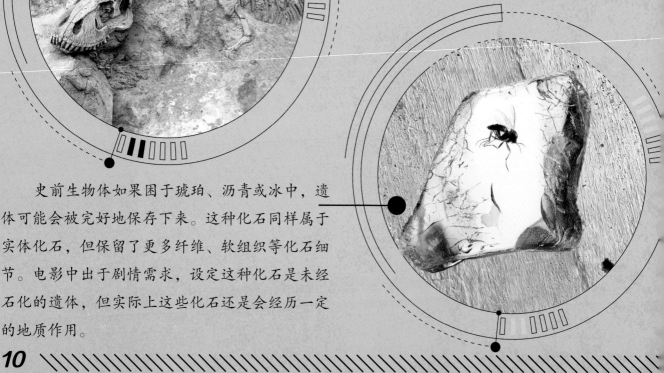

史前生物体如果困于琥珀、沥青或冰中，遗体可能会被完好地保存下来。这种化石同样属于实体化石，但保留了更多纤维、软组织等化石细节。电影中出于剧情需求，设定这种化石是未经石化的遗体，但实际上这些化石还是会经历一定的地质作用。

印模化石和铸型化石

　　足部或皮肤等恐龙尸体的一部分被压入松软的沉积物后，随着时间的推移被溶解，只留下其形状的印痕，由此形成印模化石。

　　矿物质和沉积物填入印模，经过长时间的硬化固结形成铸型化石。铸型化石与印模化石正好相反，铸型化石是生物体的立体复制品，由矿物质填入印模而成。

　　古生物学家们通过在印模内填入合成材料，如乳胶或石膏，制成铸型，用以研究化石。

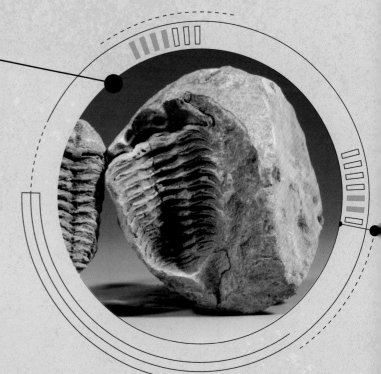

遗迹化石

　　遗迹化石保存了动物的活动记录而非其身体部位。遗迹化石包括足迹、潜穴、移迹以及粪便化石等。

人物简介：化石猎人与电影人物（1）

关于最早发现的恐龙化石

▶ 禽龙

第一块恐龙化石的发现者——吉迪恩·曼特尔和玛丽·安·曼特尔

吉迪恩生卒：1790年2月3日至1852年11月10日

出生地：英国

玛丽生卒：1799年至1847年或1795年至1855年

出生地：英国

重大发现：1822年，玛丽·安·曼特尔发现一些类似鬣蜥的牙齿化石，只是这些牙齿个头更大一些。她和丈夫分享了这些发现，她的丈夫最终把这一生物命名为"禽龙"，即"鬣蜥的牙齿"。吉迪恩也同其他古生物学家，如理查德·欧文，分享了这些发现。

恐龙之父——理查德·欧文

生卒：1804年7月20日至1892年12月18日

出生地：英国

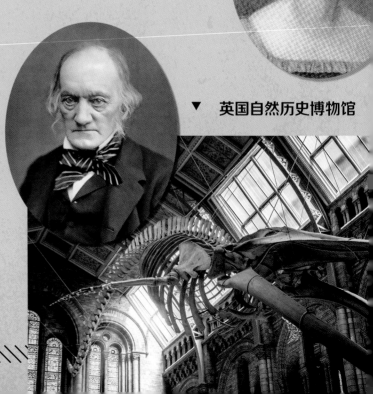

▼ 英国自然历史博物馆

重大发现：1842年，在研究了曼特尔夫妇发现的化石之后，理查德·欧文查明这些化石来自与当时生物截然不同的另一种动物。他把这种古老的动物命名为"Dinosauria"，即"可怕的爬行动物"或"恐怖的蜥蜴"。这就是恐龙的英语dinosaur一词的由来。

其他成就：1881年，理查德·欧文在伦敦建立了英国自然历史博物馆。

"侏罗纪"电影人物: 约翰·哈蒙德

在侏罗纪公园克隆第一头恐龙时,约翰·哈蒙德是国际基因科技公司的老板。哈蒙德在侏罗纪公园建设上不计成本,对侏罗纪公园的理想愿景是"吸引全球的关注"。他不顾其他投资人的反对,坚持认为公园的门票价格应该让大多数人支付得起。他认为"世界上人人都有权欣赏这些动物"。不幸的是,他的计划因一位贪婪的员工而受挫,公园没能对外开放。但是,他的基础性工作得以保存,为后来侏罗纪世界的恐龙研究提供了依据。

▲ 每头恐龙出生时,哈蒙德都要在场。

▲ 约翰·哈蒙德有坚定的信念。

▲ "我们的科学家们所做的是前人从来没有做过的伟大事业。"——约翰·哈蒙德

化石能告诉我们什么？

化石是至关重要的，因为它们可以告诉我们地球的历史。通过研究化石在岩层中的位置，科学家们可以估算地球上简单的生命形态、植物、动物（包括人类）分别出现的时间。通过对比不同时期的化石，科学家们可以观察生物在漫长时间内的演变历程。

测定化石的年代

科学家们测定化石年代的方法之一是运用化学元素钾和氩。这种方法的原理在于，化石中一般包含钾和氩。随着化石年龄的增长，化石内的钾衰变为氩。这就意味着年代更久远的化石含有更多的氩。有时古生物学家们还会运用碳14来测定化石的年代。知道化石的年代使古生物学家们可以更加清晰地了解化石的来历。

▲　开花植物出现于白垩纪。

▶ 霸王龙化石主要发现于美国、加拿大和蒙古。

◀ 剑龙化石主要发现于美国、葡萄牙和马达加斯加。

恐龙化石能告诉我们什么？

化石可以帮助我们了解恐龙等已经灭绝的动物。通过研究恐龙化石，科学家们可以获得很多信息，比如恐龙长什么样，同时期的动物有哪些，它们吃什么，谁又把它们吃了，它们如何成长等。我们了解的关于恐龙的信息主要来自遗留下来的化石。

恐龙骨架也许是所有化石中最引人注目的。这些巨型骨架可以帮助我们了解恐龙到底有多大。它们可以重现过去，呈现恐龙的多样性，这是任何图片都无法比拟的。古生物学家们已经从化石中识别出1200余种恐龙。（译者注：关于种类的数量，也有其他说法。）

如果一具恐龙骨架是与同种恐龙的骨架一起被发现的，古生物学家们就可以推断出它们是群体活动的。如果骨骼上有牙印，古生物学家们就可以寻找与牙印相匹配的石化牙齿，从而弄清楚是哪种动物攻击了它。如果一块骨头有受伤后愈合的痕迹，说明这只恐龙有自我修复的能力。

▶ **剑龙骨架**

▶ **三角龙骨架**

科学家们可以通过研究化石描绘出恐龙的大致模样，但是想要克隆恐龙，科学家们就需要恐龙的DNA。他们无法100%复原恐龙的DNA，因此他们用青蛙的DNA片段来填补空缺，其结果是克隆出来的恐龙与几千万年前的恐龙并不完全一样。

► 侏罗纪世界中存放迅猛龙和霸王龙等恐龙DNA的设备。

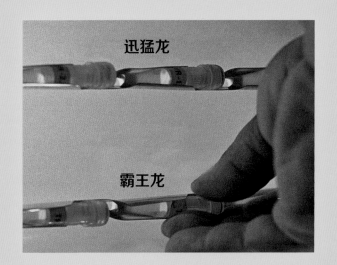

迅猛龙

霸王龙

◄ 没有化石中保存的DNA，这头甲龙就不可能在陀螺球车峡谷内漫步。

◄ 霸王龙骨架

深入了解 迅猛龙化石

首次发现时间：1923年8月

发现者：彼得·凯森

发现地点：蒙古戈壁沙漠

发现物：压碎的头骨和爪子

命名人：亨利·F·奥斯本

名字含义：迅猛龙的学名为"伶盗龙"，意为"迅捷的掠夺者"。

迅猛龙锯齿状的锋利牙齿表明它们是肉食性恐龙，使用牙齿把肉撕咬下来。

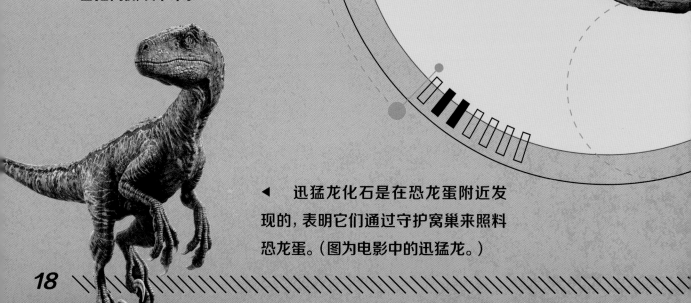

◄ 迅猛龙化石是在恐龙蛋附近发现的，表明它们通过守护窝巢来照料恐龙蛋。（图为电影中的迅猛龙。）

迅猛龙头骨上的巩膜环宽，表明迅猛龙是在夜间捕食。天黑时，宽大的巩膜环可以更多的光线进入眼睛。

◀ 埃莉·萨特勒博士和艾伦·格兰特博士在侏罗纪公园目睹了迅猛龙蛋的孵化。

▼ 史前迅猛龙的体重接近现代的火鸡。侏罗纪世界的科学家们调整了迅猛龙的DNA，使它们体形更大，让游客的印象更加深刻。

◀ 迅猛龙的每个前肢都有一个镰刀状的指爪比其他指爪更长，而且异常锋利。

恐龙头骨

恐龙头骨的尺寸和形状可以透露很多信息。由于头骨还包括眼眶、颌部、牙齿以及其他感觉功能（触觉、冷觉、温觉和痛觉）的标志物，科学家们从一具保存完好的头骨标本中可以发现很多信息。通过与现生动物的头骨进行对比，科学家们发现大多数恐龙的大脑与现代鳄鱼的大脑或鸟类的大脑相似。

恐龙头骨还可以揭示恐龙的行为信息。如果动物头骨中眼球所在部位的巩膜环宽大，就说明这种动物主要在夜间活动。这是因为巩膜环孔洞越大，天黑时进入眼球的光线就越多。

2004年，人们在一片海滩上发现一具恐龙头骨化石。与之前发现的恐龙头骨化石不同的是，用显微镜观察这具化石，可以看到恐龙大脑组织和血管的痕迹。这具化石距今已有1.33亿年的历史。

人们曾发现一具幼年梁龙的头骨，长度仅有22厘米。

迄今为止发现的最大的恐龙头骨是一头牛角龙的头骨，长达2.4米。

◀ 吴亨利博士创造的混种恐龙——暴虐迅猛龙拥有极锋利的牙齿。这是肉食性恐龙的显著标志。

◀ 这具霸王龙头骨化石来自本杰明·洛克伍德的收藏品，显示这头霸王龙拥有强壮的颌部，非常适合攻击猎物。

无齿翼龙化石

首次发现时间： 1876年5月

发现者： 塞缪尔·威利斯顿和本杰明·F.马奇

发现地点： 美国堪萨斯州

发现物： 头骨

命名人： 奥斯尼尔·C.马什

名字含义： 无齿翼龙的名字意为"没牙的有翅膀的生物"。

无齿翼龙翅膀化石上的咬痕和史前鲨鱼的牙齿匹配，这使科学家们认为无齿翼龙一边在水面上飞行，一边寻找食物。（所以会遇到鲨鱼袭击。）

事实上，无齿翼龙并不是恐龙。它们是会飞的爬行动物，是翼龙类的一种。它们生存于8500万年前至7500万年前的白垩纪晚期。

无齿翼龙和巨型鹈鹕很相似，是凶猛的肉食性动物，主要在海面上觅食。无齿翼龙发现水面下的猎物时，会俯冲下来，用长长的喙叼起猎物。无齿翼龙大大的眼睛可以帮助它们完成这项快节奏的任务。

石化的无齿翼龙头骨没有牙齿。这表明它们的食物和某些鸟类的食物相似，因为鸟类同样没有牙齿。

◀ 2008年的一项发现显示，无齿翼龙的卵是软壳的，类似于现在的蛇蛋，而且这些蛋是下在窝巢内的。

来追我呀

与现生动物相比，无齿翼龙体形很大，但与同时期的肉食性动物相比，它们的体形很小。它们无法击退饥饿的大型掠食者，但是因为有飞行这项技能，它们的处境比较安全。无齿翼龙可以进行长距离滑翔，也可以扇动巨大的双翅猛然加速。不过，它们通常借助气流自在地飞行，尽量远离地面上和水面上的危险。

▼ 侏罗纪世界中，无齿翼龙向游客炫耀庞大的翼展，其翼展可达12米。

◀ 电影中无齿翼龙的无齿喙。

足迹化石和肤迹化石

足迹化石是一种遗迹化石，反映了恐龙的行为信息，科学家们可以从中推断出恐龙是双足还是四足行走，以及其步幅和行走速度。如果成年恐龙和幼年恐龙的足迹离得很近，那么这种恐龙的成体可能是和幼崽同行的。足迹化石还揭示了该种恐龙是像某些植食性恐龙一样群体活动，还是像某些肉食性恐龙一样单独活动。

肤迹化石是另一种遗迹化石，反映了恐龙皮肤的大致情况。科学家们可以从中推断出恐龙的皮肤是突起的还是平坦的，是否覆有羽毛，以及皮肤的颜色。

通过石化骨骼上发现的印痕，科学家们推断食肉牛龙有凹凸不平的鳞状皮肤。

◀ 食肉牛龙

侏罗纪世界

迄今为止,最大的恐龙足迹化石发现于澳大利亚,足长超过1.6米。

人们曾在英国发现一具非常小的足迹化石,化石年龄达1.65亿年,长度还不到1.8厘米。

◀　史前迅猛龙的化石显示它们有羽毛。但是,侏罗纪世界的科学家们的任务是创造让游客震撼的恐龙——更高大威猛、有更多牙齿、更让人惊悚。

◀　暴虐霸王龙的足迹表明它的奔跑速度非常快。

◀　暴虐迅猛龙的足迹表明它主要用四足行走。

三角龙化石

首次发现时间： 1887年

发现者： 乔治·坎农

发现地点： 美国科罗拉多州丹佛市

发现物： 两个犄角和部分头骨

命名人： 奥斯尼尔·C·马什

名字含义： 三角龙的名字意为"有三个角的面孔"。

三角龙的喙可以紧紧地咬住植物，并将其从地面上拔起来。

三角龙独特的头骨上有三只角，最长的角长度约90厘米。科学家们认为这些角可用来防御。

三角龙有多达800颗牙齿，非常适合咀嚼植物。

三角龙生存于6600万年前的白垩纪晚期，体形大约是现代犀牛的两倍大。这种植食性恐龙漫步时，会一边走一边吃可口的叶子。虽然许多有角恐龙是群居动物，但是三角龙化石常常是被单独发现的，表明三角龙大部分时间可能是独处的。三角龙又高大又结实，拥有强壮的尾巴、带爪的脚掌和凶猛的角。当有大型肉食性动物对它们发动攻击时，它们会立刻进入防御状态。

霸王龙对战三角龙

如果霸王龙和三角龙一对一单挑，哪一边会赢呢？这确实无从知晓。霸王龙可能只能捕食幼年的、体形较小的三角龙，对付成年三角龙会比较吃力。科学家们发现一些三角龙的骨头上有霸王龙的牙齿留下的咬痕，但是似乎已经愈合了。这表明至少有一些三角龙在遇到霸王龙后存活了下来。

最初，马什认为发现的三角龙化石可能属于野牛。

◀ 国际基因科技公司克隆的第一头恐龙是三角龙。这具三角龙头骨化石是本杰明·洛克伍德藏品中最大的一具。

◀ 侏罗纪世界的游客可以在陀螺球车峡谷近距离观察成群的三角龙。

27

粪便化石

那些体形庞大的恐龙食量惊人，每次进食都要吞下令人难以置信的大量猎物或植物。这些分量超大的食物的最终归宿是什么？你猜对了——粪便！恐龙会排出大量的粪便。事实上，科学家们认为最大的植食性恐龙每天也许会排出约900公斤的粪便。

大部分的恐龙粪便会被快速分解。有资料表明，恐龙粪便也可能被史前蟑螂吃掉。但是，其中一些会以化石的形式"幸存"下来。从欧洲到美洲，从亚洲到非洲，处处可发现石化的粪便。这种化石被称为粪便化石。

1 2 3 4 5 6 7 8 9 10 11 12 13 14 15 16

粪便化石不是真实的粪便。这些遗迹化石是石化形成的。这意味着原来的粪便成分久而久之被矿物质取代。

侏罗纪世界

◄　如果欧文遇到的这堆粪便石化的话，它就会变成粪便化石。

▼　即使是沧龙等海洋爬行动物也会留下粪便化石。

"粪便化石"由英国人廉·巴克兰命名。

深入了解 霸王龙化石

首次发现时间： 1902年
发现者： 巴纳姆·布朗
发现地点： 美国蒙大拿州
发现物： 部分骨架
命名人： 亨利·F·奥斯本
名字含义： 霸王龙的名字意为"暴君恐龙"。

迄今为止发现的最大的霸王龙头骨化石长度超过152厘米，宽约91厘米，大小相当于一个冰箱。霸王龙有大大的脑袋和锋利的牙齿（最多可达60颗，最长达30厘米）。

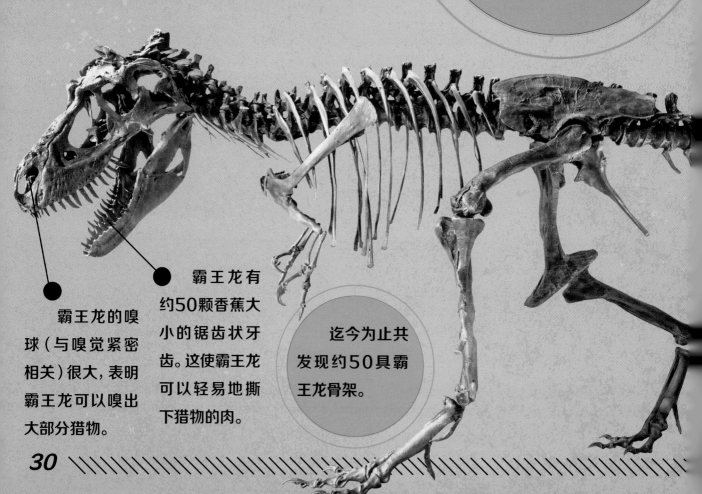

霸王龙的嗅球（与嗅觉紧密相关）很大，表明霸王龙可以嗅出大部分猎物。

霸王龙有约50颗香蕉大小的锯齿状牙齿。这使霸王龙可以轻易地撕下猎物的肉。

迄今为止共发现约50具霸王龙骨架。

取名为"苏"的霸王龙化石骨架

名为"苏"的霸王龙骨架是迄今为止发现的最"酷"的化石骨架。它的完整度高达90%，是世界上现有保存最完好的霸王龙化石骨架。这具化石于1990年发现于美国南达科他州，其头骨重约272公斤。这具庞然大物目前存放于美国菲尔德自然史博物馆，供永久展出。

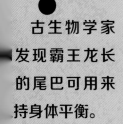

古生物学家发现霸王龙长的尾巴可用来持身体平衡。

◀ 侏罗纪世界中，这头霸王龙在击败一头食肉牛龙后发出胜利的吼叫。

◀ 霸王龙的咬合力大约是鳄鱼的10倍。

◀ 欧文近距离看霸王龙的眼睛。据估计，霸王龙的体重可达8吨。

深入了解 迷惑龙化石

首次发现时间：1877年

发现者：奥斯尼尔·C.马什

发现地点：美国怀俄明州

发现物：部分幼年恐龙化石

命名人：奥斯尼尔·C.马什

名字含义：迷惑龙的名字意为"令人迷惑的恐龙"。

迷惑龙的命名

"迷惑龙"这个名字与人们对这种恐龙的错误判断有关。起初，科学家们把它们与一种大型海生爬行动物沧龙弄混。之后，一位科学家挖出一具恐龙骨架。这是一具躺在另一只动物头骨旁的迷惑龙骨架。这位科学家把这个混在一起的物种命名为"雷龙"。直到几十年后，古生物学家们才解决了这一巨大的困惑。

迷惑龙生存于1.54亿年前至1.5亿年前。迷惑龙曾经是漫步在地球上的最大的动物之一。它们靠粗壮的腿缓慢行走。它们跑不过掠食者，但它们的体形庞大，很少有动物可以伤害它们。这种植食性恐龙很可能大部分时间让颈部和尾巴与地面保持平行，但它们也许会短暂地抬起头，享用长在树顶端的树叶。

▲ 游客在陀螺球车峡谷可以近距离观赏迷惑龙。

古生物学家认为，迷惑龙较小的头骨说明它们并不聪明。

迷惑龙的牙齿功用跟梳子一样，是把叶子从树上拉扯下来的理想工具。

人们在迷惑龙颈部发现了气囊，表明它们的颈部看起来轻。

▲ 一头全息投影的迷惑龙出现在侏罗纪世界创新中心迎接游客。

人物简介：化石猎人与电影人物（2）

化石战争

奥斯尼尔·C·马什

生卒年月：1831年10月29日至1899年3月18日

出生地：美国纽约州洛克波特

重大发现：马什在与爱德华·德林克·科普的长期竞争中发现了约80种恐龙。他命名的恐龙有剑龙、三角龙、异特龙等。

其他成就：马什是美国第一位古脊椎动物学教授。

▼　马什命名了剑龙……恐龙。

爱德华·德林克·科普

生卒年月：1840年7月28日至1897年4月12日

出生地：美国宾夕法尼亚州费城

重大发现：科普发现了约1000个物种的化石。

其他成就：科普在与马什的竞争中，收集了约13000块骨骼化石，其中一些现在仍在美国自然历史博物馆展出。

"侏罗纪"电影人物: 吴亨利

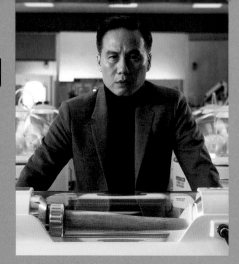

吴亨利博士这位遗传学家在"侏罗纪"电影中出现的时间比较早。电影中,他在恐龙基因科研方面发挥了非常重要的作用。

吴亨利博士最大的科学影响力在于创造了两头新型混种恐龙——暴虐霸王龙和暴虐迅猛龙。吴亨利博士认为,由于混合了迅猛龙、霸王龙等掠食者的基因,这些混种恐龙非常危险,行为难以预测。后来人们发现,这种推测是正确的。

▲ 在职业生涯初期,吴亨利博士的动机是真诚的。但是,侏罗纪世界开园时,一些人担心他会腐化堕落。

◀ 暴虐霸王龙是凶狠的掠食者,其DNA来自多种恐龙及一些现代生物。

◀ 暴虐迅猛龙是吴亨利博士创造出来的最危险的动物。

发掘化石

发掘现场是古生物学家们寻找化石的地方。发掘地点取决于科学家的目标对象。例如：如果寻找的是霸王龙化石，你应该瞄准美国西部和加拿大；如果是窃蛋龙化石，蒙古戈壁沙漠更为合适。不论在哪儿，有岩石露出的地方都是寻找化石的理想场地。

发掘化石是一个漫长而细致的过程。首先，古生物学家们会用帐篷等保护发掘现场；然后，会用特制工具把化石从围岩中凿下来。他们进行得缓慢而认真，以免损坏化石。

完成现场发掘工作会耗费数周或数月的时间，还需要多年的训练和特制的工具。工作人员必须能判断岩石的硬度，必须谨慎，以免破坏标本。如果造成损坏，他们必须懂得如何修复。即便如人类手掌大小的样本，有时也需要一年的工作才能使它显露出来。

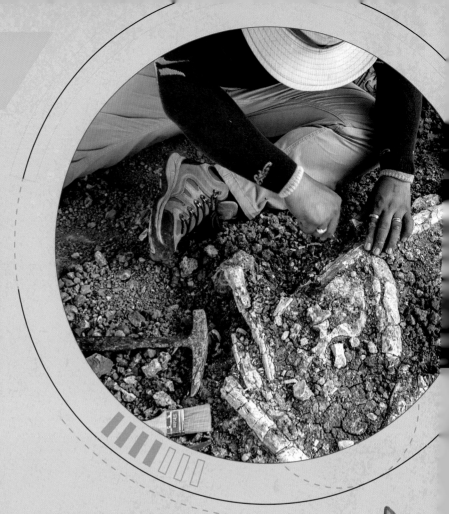

古生物学家的工具

刷子：拂去化石表面的尘土。

岩锤：用来敲裂周围岩石而不破坏化石。

指南针或定位设备：寻找、记录发掘点，确定方向。

凿子、探针：除去化石周围的石块。

◄ 艾伦·格兰特博士和埃莉·萨特勒博士在发掘现场工作。

▼ 虽然格兰特博士一直和化石打交道，但是在侏罗纪公园，他意识到没有什么比见到真实的恐龙更好的了。

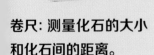

卷尺：测量化石的大小和化石间的距离。

记号笔和塑料袋：记录、运送标本。

◄ 拥有各式工具、在发掘场地工作的科学家。

奋战实验室

发掘结束后，古生物学家的另一项工作就开始了。科学家们会把化石带回博物馆、实验室，或是其他地方，然后搞清楚新发现的化石意味着什么。他们会将新化石和已经发现的化石做比较。

认真清理是这一过程的主要任务。清理工作包括用水清洗化石，或是用化学品消除难以去除的岩石。清理所有发掘的化石并进行分类可能需要数年。但是，不论以何种方式完成，科学家们都必须谨慎小心，以免弄坏易碎部位或是以错误的顺序组装化石。

这一过程结束后，古生物学家会和科学界分享收集到的信息。这些新信息可以帮助更多的古生物学家继续开展工作。

实验室的工作在某些方面比较棘手。有时古生物学家们发现的骨骼化石非常杂乱，因为化石可能来自许多不同的动物，所以他们需要确定这些化石分别来自哪种动物。科学家们有时很难分辨岩石和易碎的骨骼化石。

◀ 侏罗纪世界中，哈蒙德实验室是世界上技术最先进的遗传学实验室之一。

▼ 实验室的研究重点之一是恐龙的繁育。

◀ 图为吴亨利博士正在检查实验室中的样本。

古生物学家

古生物学家是经过专门训练，寻找并研究化石的科学家。他们运用所学，收集遥远过去曾存在的动植物和其他生物的相关信息。古生物学家会去世界各地的研究站点工作，也会在某个偏僻的地方花费数月甚至数年寻找化石研究的有关线索。这一过程漫长而又艰辛，但也是振奋人心的。大多数古生物学家认为实地工作是他们最喜欢的部分。

一些古生物学家挖掘化石，而另一些古生物学家则有不同的侧重点。他们会画图、拍照、记录每一次发现的化石，并配以详尽的注释。他们收集所有可能提供有用线索的信息。

古生物学中的一些分类

微体古生物学: 主要
研究微化石
（如花粉颗粒）

古植物学: 主要
研究植物化石

古气候学:
主要研究古代气候

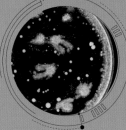

古生态学:
主要研究石化的生
物如何相互影响及
其周遭环境

古遗迹学:
主要研究遗迹化
（如足迹化石

◀ 古植物学家埃莉·萨特勒研究的是植物化石。

▼ 萨特勒博士正在试图了解这头三角龙是吃了什么植物而生病。

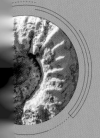

2: 主要研究
化过程

◀ 作为一名研究史前动物的兽医，齐亚·罗德里格兹拥有难得的可以治疗恐龙活体的机会。在鼎盛时期，侏罗纪世界雇用了近40名史前动物兽医。

人物简介：化石猎人与电影人物（3）

重大的恐龙发现

古生物学之母——玛丽·安宁

生卒年月：1799年5月21日至1847年3月9日

出生地：英国莱姆里杰斯

重大发现：1811年前后，玛丽·安宁的弟弟发现了一具奇怪的头骨，之后玛丽发现了完整的样本。这其实是一种灭绝的海生爬行动物，后来被命名为鱼龙。

其他成就：1823年，玛丽·安宁发现了一具完整的蛇颈龙骨架。她还发现了双型齿翼龙化石。这是第一个在德国以外的地方发现的翼龙。她还是第一个研究粪便化石的人。今天，她发现的恐龙化石仍在英国自然历史博物馆展览。

第一具霸王龙骨架发现者——巴纳姆·布朗

生卒年月：1873年2月12日至1963年2月5日

出生地：美国堪萨斯州

重大发现：1902年，巴纳姆·布朗在美国蒙大拿州的黑尔溪发现了第一具霸王龙骨架（部分）。

其他成就：巴纳姆·布朗还发现了盔龙化石。

"侏罗纪"电影人物

克莱尔·迪尔林

克莱尔·迪尔林曾是侏罗纪世界的运营总监，公园倒闭后转而保护剩余的恐龙，是恐龙保护组织的创始人和主要组织者。恐龙保护组织的任务是确立和保护现存恐龙的权利，主要目标之一是获取资助，继续对公众进行关于恐龙的科普工作。对于侏罗纪世界所发生的事情，克莱尔感到自责。现在她致力于拯救恐龙的事业。

欧文·格雷迪

欧文·格雷迪是位动物行为学家，在侏罗纪世界花了5年时间训练迅猛龙。2012年，他来到侏罗纪世界，加入国际基因科技公司的综合行为迅猛龙智慧研究项目。自4只迅猛龙出生后，欧文就开始训练它们，把他的发现记录并拍摄下来。训练期间，他与迅猛龙，特别是布鲁，建立了亲密的关系。

"记不记得你第一次看到恐龙是什么感觉？第一次看到它们时，感觉就像一个奇迹。在书中看到过它们，在博物馆看到过化石，你其实不是很相信。它们就像传说，然后你看到第一头活着的恐龙。"

——克莱尔·迪尔林

"我不控制迅猛龙。这是一种情感关系，基于相互尊重。"

——欧文·格雷迪

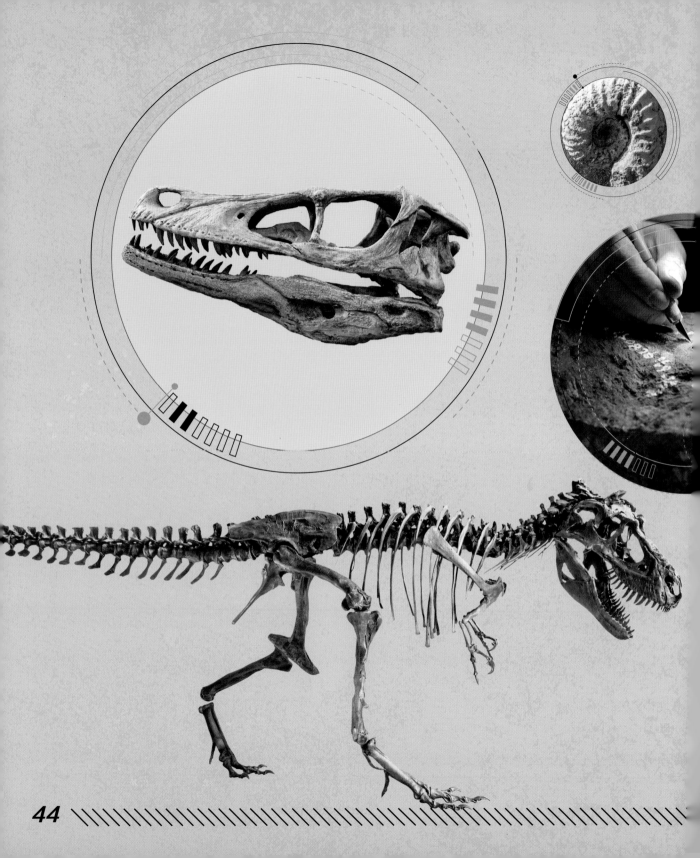

▼ 迅猛龙布鲁